U0156770

遗失在西方的中国史

苏州园林

邱丽媛 编译

中国工人出版社

图书在版编目（CIP）数据

苏州园林 / 邱丽媛编译. — 北京：中国工人出版社, 2020.12
（遗失在西方的中国史）
ISBN 978-7-5008-7575-8

Ⅰ.①苏… Ⅱ.①邱… Ⅲ.①古典园林 – 园林艺术 – 苏州
Ⅳ.①TU986.625.33

中国版本图书馆CIP数据核字（2020）第247093号

遗失在西方的中国史：苏州园林

出 版 人	王娇萍
责任编辑	董 虹 金 伟 董佳琳
责任印制	栾征宇
出版发行	中国工人出版社
地　　址	北京市东城区鼓楼外大街45号　邮编：100120
网　　址	http://www.wp-china.com
电　　话	（010）62005043（总编室）　　（010）62005039（印制管理中心）
	（010）62001780（万川文化项目组）
发行热线	（010）82029051　　62383056
经　　销	各地书店
印　　刷	北京盛通印刷股份有限公司
开　　本	880毫米×1230毫米　1/16
印　　张	11
字　　数	120千字
版　　次	2021年1月第1版　2024年1月第5次印刷
定　　价	88.00元

晚清以来，苏州被誉为"东方威尼斯"，深受外国学者和游客的喜爱。他们中既有19世纪40年代的英国建筑师托马斯·阿罗姆，也有20世纪上半叶瑞典著名的汉学家喜仁龙（Osvald Sirén，1879—1966），此外还有众多在苏州工作和生活的外国侨民或者慕名而来的外国游客。无论他们因何而来，都为我们保留了大量珍贵的历史影像资料。

一、本书内容主要出自《苏州，一座园林城市》（*Soochow，The Garden City*）《中国园林览胜：留园与狮子林》（*In The Chinese Garden*）《中国园林》（*Gardens of China*）等著作，共收录140余张图片。

《苏州，一座园林城市》初版于1936年，是一本苏州的旅游指南。作者弗洛伦丝·露丝·南希 [1]（Florence Ruth Nance，1875—1940）曾在苏州生活多年，对苏州城内外各处景致了如指掌。她的丈夫文乃史（Walter Buckner Nance，1868—1964）参与创办了东吴大学（苏州大学前身），并在1922至1927年间担任该校第三任校长。

《中国园林览胜：留园与狮子林》初版于1943年，是一本苏州园林的游记，按照游览顺序重点介绍了留园和狮子林。作者包爱兰（Florence Lee Powell，1897—1999）曾在景海女子师范学校（今苏州大学一部分）任教。

《中国园林》初版于1949年，是海外中国园林研究的开山之作，其中收录苏州园林图片20余张。作者喜仁龙是20世纪上半叶西方极为重要的中国美术史专家，首届查尔斯·兰·弗利尔奖章获得者。

二、为便于阅读，编者按照园林名称划分章节，并从上述著作中选取相关图片，进行统一编排、重新编号。

---

[1] 正文中简写为：F.R. 南希。——编者注

三、由于年代久远，部分图片褪色，颜色深浅不一。为了更好地呈现图片内容，保证印刷整齐精美，我们对图片色调做了统一处理。

四、由于能力有限，书中个别人名、地名无法查出，皆采用音译并注明原文。

五、由于原作者所处立场、思考方式以及观察角度与我们不同，书中许多观点跟我们的认识有一定出入，为保留原文风貌，均未作删改。但这不代表我们赞同他们的观点，相信读者能够自行鉴别。

六、本书在统筹出版过程中不免出现疏漏、错讹，恳请广大读者批评指正。

编　者

目录

图录

第四章　西园

第六章 怡园（顾家花园）

第一章　私家园林

私家园林 [1]

在苏州，大约 20 年前尚有几座保存相对完好的园林，由于这个平静的城市惨遭战争破坏，这些园林现在是否依然存在不得而知。数百年来，苏州一直是园林爱好者的活动中心。苏州的艺术鼎盛时期是在明朝，当时许多著名画家和诗人在此居住。其中最有影响力的是文徵明，他后半生都居住在苏州，时常有学生和朋友来他的画室聆听这位德高望重的大师的教诲。这个画室就位于现在的拙政园。时至今日，拙政园内依然盛开着甚为壮观的紫藤，相传是文徵明亲手所种。文徵明还以拙政园为题材创作了一系列作品。苏州其他画家无疑也参与了园林艺术的创作，尽管并没有直接的历史证据流传下来。值得补充的是，明朝末期最具有创新精神的艺术家石涛不仅是画家，也是园林设计者，但他的作品不是在苏州，而是在扬州。

如前所述，苏州的园林艺术在画家聚居于此时发展到全盛，并一直保持到后世。在 19 世纪的大部分时间里，苏州聚集了大量学者和画家。而在现代，画家们的作品呈现出混合形式，应用在其他事物中，如专门开设的苏州美术专科学校，校舍为大型仿古建筑，位于沧浪亭中。建筑内部结构对比鲜明，部分画家使用西方技法创作油画，部分画家则遵循中国传统技法。

有几座苏州古典园林从前是贵族府邸，现在是半开放的，人们可以付费参观，其中包括留园、拙政园、西园和沧浪亭。而另一些园林则需要通过私人引荐才能参观，比如狮子林、顾家花园（怡园）和网师园。每座园林都有其独特的历史和环境，但是由于它们的基本组成元素非常相似，因此很难用寥寥数语清楚地描述其各自的特征。它们之间的差异在时光的流逝中逐渐缩小，装饰的细节也被苔藓覆盖。

---

[1] 摘自喜仁龙：《中国园林》，纽约，1949 年。——编者注

若想进一步熟悉这些园林的特点，下面一位苏州文人所言值得了解：

应当了解历史背景，应当以平和接纳的心情进入园林，应当通过自己的观察去发现园林的构造和布局，因为不同的部分并非随意组合，而是像对联（在音韵和内容上相对应的两句话）一样经过仔细斟酌置于园中。当一个人对表面的形式或事物理解透彻以后，就当努力探索园林的精神内在，尝试理解掌控自然并使园林融入其中的神秘力量。

狮子林可能是现存最古老的园林之一，它最初属于寺庙（后来成为居所），大约 1342 年由高僧惟则创建。相传，惟则之前曾居于天目山的狮子岩，因此他想将新园林命名为狮子林。于是，抱着这样的想法，惟则挑选了许多奇形怪状的石头，其中至少有两块形状像坐着的狮子。在合适的光线下，这些石头确实很像长着鬃毛低头向前的狮子。一些自然形成的狮子石分布于苍松之间的小丘上，与其他形态各异的石头竞相争奇。另一些石头则被置于水中，在水面上倒映出各自的形状。它们的形状让人产生联想，使参观者为之着迷，规模之大也让人印象深刻。堆着石头的小山被建成"大山"的样子，有的还有洞穴和隧道。蜿蜒的小路越过或穿过"大山"，通向河边精致的拱桥，那里假山堆积，形似珊瑚礁。

这座园林在历史上可能经过不止一次的改造或修葺，因为这里的石头相比其他苏州园林，造型更为夸张。这样一来，整个地面就像一座小山，流水、古树环绕，光影交织形成特殊的装饰效果，这一特点在倪瓒的著名画作《狮子林图》中得以重点体现。这幅画因其中有大量题款，几乎已经成为历史文献。从画中内容来看，这座园林最初可能还种了竹子和多种乔木，繁茂的枝叶在低矮的茅屋和静思亭上方舒展。石头、树木和建筑的比例与现在大不相同，如今的建筑已不需要在树下寻求保护，而是盖起了宽大的屋顶，像大伞一样撑在高空中。

留园位于阊门外，建于 16 世纪，后来的主人姓刘，由此而得名"刘园"。19 世纪时，这座园林被一沈姓人家购得，名字却依然保留，只是将原来的刘姓改为发音相同的"留"，这样也更加符合园林的本意——为人们带来平静和愉悦。新主人做了很多扩建工作，使留园成为整个苏州面积最大、主题最丰富的园林。但是，园子的主人似乎太过追求园林构造的有趣多变，石头、树木、藤蔓、亭子以及不同形式和装饰的建筑，不同的主题拥挤在一起，以致细节不能够清楚地展现，组合在一起显得十分杂乱。这是园子给人的主要印象，尤其是夏季到来，树上长满叶子的时候。年初时，虬曲的树枝在天空中显出清晰的轮廓，紫藤还没有那么繁茂，要辨认出连续的平面和不同的组成元素就会容易些，而且它们也会映在水面上。

平静的湖面在这里至关重要，它形成整体布局的主题。这可不是一般的园林水塘，而是一个真正的湖，沙嘴和植被丰富的岛使其变得多样。岸边停着几条船，可随时划到湖心岛。弯曲的岸上高高低低地堆着崎岖不平的石块，在凹凸不平的地方，明显的轮廓映衬在白色的墙面上；在凹陷或平滑的地方，有古树的枝干遮挡，枝叶几乎触及水面。岸边能看到白色建筑的正面，门窗上有砌砖做成的装饰栅栏。这些建筑确实有梁柱结构，但完全被装饰地面和白色墙面所覆盖，构成了连续的背景，仿佛水墨画的留白区域。不论从哪个角度看，都能看到前景是水，背景是白墙。

留园不远处是西园，现在是寺庙园林，但最初（即明朝时）是一家贵族宅邸西边的花园（顾名思义）。后来花园被捐给附近的寺庙，但寺庙和园林都在19世纪60年代的太平天国运动中遭到毁坏。虽然建筑已经重建，但园林依然不完整，光秃干涸的两岸间有一个大湖，看起来平淡无奇。缺失的不仅是丰富的植物，还有与水相互映衬的中空弯曲的石头。失去了这些基本要素，中国的园林看起来多么空洞乏味！

拙政园于16世纪初由王家所建，位于苏州东北部的一个古寺旧址。建立之时或建成后不久，文徵明在此居住，创作了一系列画作，后来被制成木版画，但这与地形无甚关联。清朝初期，拙政园属于陈家，但在1679年被当地政府接管。

拙政园可能也是由此而得名，意即低效的政府或愚蠢的官员。[1]

　　1747 年，据乾隆皇帝的翰林院编修沈德潜创作并刻在树干上的题词，蒋棨将园林修复一新，由拙政园更名为复园（修复后的园林）。当时在很大程度上保留了大量厅、廊、亭、台、山和湖。作者写道："丁卯春，以乞假南归，复游林园，觉山增而高，水浚而深，峰岫五回，云天倒映。堂宇不改，而轩邃高朗，若有加于前；境地依然，而屈盘合沓，疑新交于目。秾柯蔽日，低枝写境……主人举酒酌客，咏歌谈谐，萧然泊然，禽鱼翔游，物亦同趣。不离轩裳，而共履闲旷之域；不出城市，而共获山林之性。回忆初游，心目倍适，屈指数之，盖园之成已四五年于兹矣。"将此园命名为复园，蒋棨希望以此表明，他不仅想恢复园林昔日的美丽，而且非常重视祖先在此遗留下来的优良传统和好的文学标准。

　　然而，这座园林似乎命运多舛，原址受到侵犯，随后逐渐衰落。19 世纪时，这里成为满族军队的指挥官总部。满族实行八旗制度，因此这里被称为八旗会馆。后来，这里曾归私人所有，太平天国时期又被太平军占领。再后来，这里不仅是省衙门，也是满族的会场，其中一个最古老的亭子就是他们的会馆。

　　园林及其中的建筑历经变迁，有过多种用途。尽管从未被摧毁，但也从未被完全修缮好。1911 年的辛亥革命推翻了清朝统治，而园林继续衰落，无人过问。建筑几近坍塌，野草丛生，几乎长满了水塘和水渠。尽管如此，部分园林依旧风景如画。虽然衰败遮掩了园林的美丽，却未完全毁坏其最初的风采。

　　从外面穿过大门，沿一面高墙走几步就来到了园林入口。这是一个椭圆形的门洞，门旁有株古老的紫藤，可追溯到文徵明时期。再往里才可真正称之为园林，形态各异的石块堆成迎客石。从这里开始，参观者可以沿着不同的方向继续漫步。大块的石头摆成曲折的人行桥通向远香堂。旁边是南廊，大荷塘现在已经成了一片绿色的洼地，另一边几座建筑的名字充满诗意，如雪香云蔚亭（可

---

[1]"拙政"之说各自不同，有说出自晋朝《闲居赋》中"此亦拙者之为政也"，有朴实之人在自家花园为政的巧意；也有说是政府对此办公场所的谦称，意为拙于政务。——编者注

能指的是从这里看到的独特景象）、秫香馆、梧竹幽居、荷风四面亭等，然而有一些已经名存实亡。一个僻静的角落里种着橘树和枇杷树，旁边是以前的画室。据苏州地方志记载，文徵明和友人曾在此聚会，比赛书法、绘画和诗歌。

近几十年来，拙政园逐渐衰落，无人过问，腐朽破裂的地方没有人去修复。但也正因如此，真实的环境才得以保留，园中弥漫着一股伟大而真实的气息，这种古朴使人信服，令人着迷。

苏州南部的网师园规模要小得多，给人的印象也截然不同。与其他苏州古典园林相比，网师园最大程度地保留了现代气息，因为园林内现在仍有人居住。

据记载，这里可能在宋朝时就有园林，但当时的园林与现在究竟有多少相似之处已无从查证。这座园林在 18 世纪时因其华丽的牡丹而闻名。这里的牡丹可与扬州的相媲美，而扬州正是当时中国的花园城市。

网师园规模不大，但是有一种深邃、神秘和不可捉摸的神韵，特别是树木繁茂的时候。小水塘是这里的中心，周围有石块、古树、桥和长廊，就像林中的水塘一样。这里几乎没有多余的空间，有些地方的树木穿过廊顶或者石头，伸到水中，支撑着水上的桥或亭子。湖岸是园林的构图中心，周围的建筑随湖岸的形状错落分布。后面主要是墙和居住区，看起来似乎并不重要，至少从美术的角度上来说是如此。然而，在空间充足的地方，这些建筑就与自然景观相融合。这样一来，在僻静的角落里就可以看到，几块石头堆在古树周围，旁边是开着白牡丹的花坛。这个花坛从突出的凉亭或有棚的平台上可以看到，在温暖的季节无疑是一处胜景，尽管不如夏天可以在其中用餐的水上亭子那么吸引人。这里可以欣赏到水面上的光影变幻，鱼儿在摆动的荷叶下悄悄地游动，不必担心受到打扰。不过，这种园林最好是在春天观赏，那时树叶已经长出，木兰和果树也已经开花，华丽变幻的倒影美得无法形容。

另一座现在仍有人居住的苏州园林属于顾家。这座园林相对较新，建于 19 世纪 70 年代，创建者顾鹤逸是现任主人的祖父。顾鹤逸遵照医生的建议到苏州

图 1 苏州地图。F.R. 南希:《苏州,一座园林城市》,上海,1936 年。

休养,专注于园林,这座园林由此而得名"怡园"。怡园包括几处安静的角落、小路,以及其他适合散步和冥想的地方。为了让这个地方有趣而丰富,主人显然费了不少心力和财力。对于西方的参观者来说,设计者似乎对某些地方过多的假山和拥挤的树木感到愧疚。在这些混杂的奇石和树木之间很难完全看清景色,但似乎也不该完全看清。这样的园林应该因其丰富和变幻令人着迷,而非因其井然有序。中间的水塘是园子突出的主题,其中有鱼和荷花,对面是高耸陡峭的假山和各种各样的树木。春季,各种花卉竞相开放,非常迷人。我在 3 月中旬来参观的时候，李花和山茶花已经开过了，但是其他众多树木，如杏树、桃树和木兰正开着白色和粉色的小花，开满枝头的花朵遮住了光线。叶子还没有完全展开，但矮枫树已是红色，柳树染上了淡绿，成熟之后颜色还会变深。每棵树仿佛都在以自己的旋律、声音和色彩迎接春天。白色的红顶鹭使画面更有生气，它们在假山之间漫步，看起来就像乾隆时期的宫廷装饰画。

1911 年的辛亥革命并未使苏州园林的艺术熄灭。近几十年来，人们努力修复破败的旧园林，还建了一些新园林。在这些重建工作中，值得一提的是王季玉的振华女校。我去参观时，学校还是一片平地，没有任何山丘起伏，植物稀少，也少有人迹。但其中确有一块非同寻常的园林石，这种类型的园林石现在再也找不到了。

沧浪亭建于宋朝，近代经历了改造。它在历史上屡次遭到摧毁，最近的一次发生在太平天国时期。19 世纪 70 年代，沧浪亭得以重建，1927 年又在此建立美术学校。园林因此免于被彻底毁坏，但仍旧遭受了很大不幸，因为园林中美丽的建筑已被带有仿古柱廊的大型宫殿所取代。这座园林的突出特点是有一条河环绕。河上有一座桥，通向拱廊，替代了普通的围墙。

1935 年，我在苏州参观的新式园林采用传统风格设计，使用了大量石头和流水。由于树木尚处于萌芽状态，因此形态丰富的石头令人印象深刻。新式园林给人的总体印象与古典园林别无二致，但石头成堆显得很单调，失去了丰富的表达性，显示出想象力的缺乏。

明朝以后，苏州作为绘画和园林艺术中心的重要地位逐渐降低。18 世纪初，绘画和园林艺术的中心开始向其他城市转移。

第二章 | 虎丘

虎丘 [1]

　　江苏地区土壤肥沃，经济富饶，一年四季风景各异，粮食年产量高。"这里植被物种丰富，生长茂盛，从远处看层峦叠嶂，风景如画。从当地的建筑和人们的衣着来看，此处人们生活富裕。"虎丘行宫，是当地最吸引人的建筑。因为政治需要，或者仅为游玩，皇帝会离开皇宫远游，旅途中便居住在行宫内。行宫大多位于帝国的主干道附近，修建得富丽堂皇，有些甚至远超京城内的宫殿。

　　虎丘位于苏州古城西北 20 里处，风景秀美，远近闻名。山峰拔地而起，陡峭险峻，是出海水手辨别陆地的标志。这里的每一座山峰，每一条河谷，无不深深吸引着好奇的游客。这里自然景观绮丽，人文建筑荟萃，流传着众多传奇故事，因此引得无数游客慕名而来。虎丘的最高点是剑池，剑池旁是千人石。吴王阖闾便安葬于此。据说，在他下葬后的第三天，一只白虎蹲踞在他的墓上，停留了数天之久。之后的几年内，白虎每隔一段时间就会出现。秦始皇曾经试图毁坏阖闾墓，不过因白虎及时现身，才不敢贸然行动。

　　虎丘是座美丽的小岛，最高处不超过 300 英尺 [2]。小岛上种植着各类奇花异草，生机勃勃，各类船只往来穿梭。岛上的密林里，寺庙、佛塔、禅院若隐若现。壮丽的宝塔，结构精美，巍然耸立。

　　小岛上的建筑物样式众多，造型精美，使得小岛景色更加绚丽多姿。佛教徒和道教徒纷纷在此修建庙宇，供奉各式神像。那座巍然耸立的宝塔（岛上最具中国风格的标志性建筑）使整个建筑群更加庄严肃穆。河边那些掩映在树林间的双层建筑，以前是僧人的禅房。后来，乾隆皇帝在此修建行宫，占据了半个小岛，僧人们被迫移居别处。乾隆皇帝心血来潮之时便会南巡，驻跸于此。虎丘风景如画，气候宜人，是修建帝王行宫的理想场所。

---

[1] 摘自阿罗姆：《中华帝国图景》，伦敦，1843 年。——编者注
[2] 约 91.4 米。——译者注

图 2 从苏州站到虎丘山、西园、留园的路线图。F.R. 南希：《苏州，一座园林城市》，上海，1936 年。

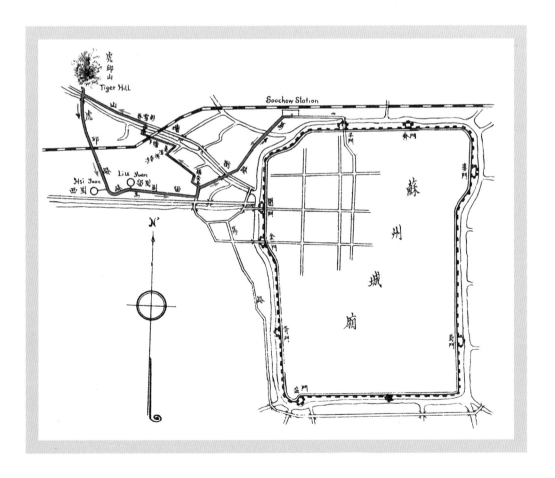

↑　图 3　江南虎丘。阿罗姆：《中华帝国图景》，伦敦，1843 年。

→　图 4　虎丘行宫。阿罗姆：《中华帝国图景》，伦敦，1843 年。

图 5 虎丘塔。应该建于公元 11 世纪 [1]。喜仁龙：《中国景观：喜仁龙的摄影及见闻》，瑞典，1937 年 。

[1] 虎丘塔建成于北宋建隆二年（公元 961 年）。——编者注

图6　虎丘山上的斜塔。修建于公元603年。与其相邻的寺庙修建于公元328年。黄仲衡
（C.H.Wong）摄影。F.R. 南希：《苏州，一座园林城市》，上海，1936年。

图7　斜塔下方著名题刻——虎丘剑池。黄仲衡摄影。F.R. 南希：《苏州，一座园林城市》，上海，
1936年。

图 8 虎丘试剑石。阿罗姆：《中华帝国图景》，伦敦，1843 年。

图9 虎丘小吴轩。小吴轩又名望苏台，在虎丘云岩寺东南隅。墙面挂满了书画，左上方还可以看到白底黑字正楷体的"小吴轩"匾。该匾为庞国钧所书。庞国钧、费树蔚等社会名流、书画家组成了保护园林的民间组织，并通过展览售卖书画来修复园林。包爱兰说："最近一个市民团体正在帮助苏州市政府对这些园林进行维护。这些曾经的私人花园现在是属于整个城市的资产了。只有学者才有资格加入这一团体。团体的成员们会在下图的房间开会。该房间位于苏州城数英里外的一座寺庙之中，而寺庙坐落在一座著名的'斜塔'的山脚下。这个地方被人称为'小苏州'。房间后方的一块黑色匾额是由中国一家类似于西方扶轮社（Rotary Club）的组织授予的。"包爱兰：《中国园林览胜：留园与狮子林》，纽约，1943年。

图 10 外墙夹着的窄巷。苏州园林除了狮子林建在城墙附近，一般都在郊区。但是不管建在哪里，前往园林都需要走上一段路，穿过被房屋和花园高耸的外墙夹着的窄巷。巷子仅有 8 到 10 英尺[1] 宽。包爱兰：《中国园林览胜：留园与狮子林》，纽约，1943 年。

[1] 约为 2.4 米至 3 米。——编者注

第二章　留园

留园 [1]

　　向东距离寺庙几步之遥，便是苏州最有名的园林——留园。中国花园与西方花园最大的不同就在于中国的花园是一处"花园里的住所"，或者更准确地说是一处"住所里的花园"，四周围着高墙。这些花园里没有灿烂的花田，也没有平坦的草地之类的景观，在这些隐居之地，不可或缺的元素是山水。这里的山一般都是假山，由造型精巧的石头堆砌而成，中间一个池塘形成水景。而院内的房屋围绕着园中的山水修建而成，一进连着一进，卧房、游廊、宴息室、花厅被长廊、拱桥、水上曲桥连成一体。

　　留园是其中的典范。它始建于明朝，作为私家园林传承多代。它的西侧是寺庙花园，东侧是一座大宅。太平天国动乱时花园遭到损毁，后来得以重建，又增添了很多造型美观、颇有历史的湖石——冠云峰、玉女峰、拂袖峰等。在房舍中，有很多华贵精致的镶云母红木家具，历史可以追溯到明代。大会客室内右侧的大方桌美丽而名贵。（桌面被覆盖着，但是如果提出要求，可以让人细看。）

　　留园很多庭院中都有牡丹圃，并有各种灌木，四季均有花开。精巧的矮松、南天竹、凌霄花和紫藤组成了绿色的背景。这样的花园在苏州有很多，它们各有不同，但是又遵循着共同的原则——将建筑作为花园的一部分，游廊、茶室和花厅凌驾于水面之上。花园的门厅处放置了花园的布局平面图。

　　想要充分体会一座中国花园的趣味，必须要懂得中国语言里的象征意义，这是中国人的常识。一种内涵丰富的民族传承，让中国人可以在现实和虚幻两种精神世界中转换自如。正如一位西方人所说，河岸边的一朵报春花，对他来说只是一朵黄色的报春花，再没有其他意义了。而最普通的中国人却不会说出

---

[1] 摘自 F. R. 南希：《苏州，一座园林城市》，上海，1936 年。——编者注

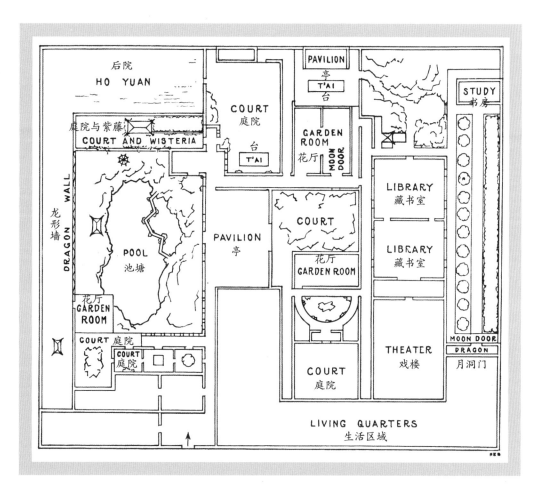

图 11 留园平面图。包爱兰：《中国园林览胜：留园与狮子林》，纽约，1943 年。

图12 留园大门。大门为黑色的普通木门。门旁有一个岗亭，门前一条狗在悠闲地散步。包爱兰：《中国园林览胜：留园与狮子林》，纽约，1943 年。

这样的话。也许，他不能告诉你为什么蝙蝠代表幸福，石榴代表多子，松树代表长寿，芍药代表优雅，但是他知道它们就是能够代表。而且一座花园里到处都是这些具有象征意味的造型，池塘一角的鸳鸯象征对夫妻的祝福，小院里的梧桐树用来招引凤凰，甚至脚下的步道上都装饰着宗教法宝（佛家七宝？）的图样。即使是留园内屋顶檐头的花板，它们的线条里也有自己的含义。

民国之后，这座花园被政府接管，成了公共花园。

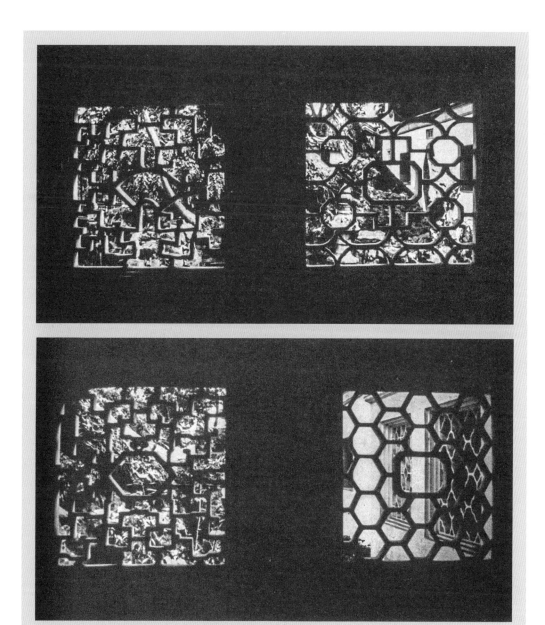

图 13 （上）左侧八角形花窗。嵌入扇子的形状。

图 14 （下）右侧六角形花窗。中间是大八角形。

穿过大门后，首先进入一座小小的院落，接着便走入一条由两道粉墙夹着的狭窄走廊。沿着这条有顶的中式走廊愈走光线愈暗淡，直到六扇正方形镂空雕花窗处。这些花窗不仅为走廊提供了光源，还装饰了庭院。窗户开得比较高，左侧的一扇用的是八角形，嵌入了扇子的形状。右侧的一扇用的是六角形，中间是大八角形，四周围着四个小的八角形。包爱兰：《中国园林览胜：留园与狮子林》，纽约，1943 年。

图 15 蛛网形花窗。右侧的花窗采用了
蛛网形状的设计。左侧的花窗图案是一
个大的正方形围着四个代表花瓣的八角
形。包爱兰：《中国园林览胜：留园与
狮子林》，纽约，1943 年。

图 16 香樟树与粉墙。一棵古老的香樟树在粉墙上投下阴影。树影下有一座小石桥、一条石子小路、一座用来警示此处危险的龛式石灯和有顶长廊的花窗。画面左侧是一座两层的茶室。包爱兰:《中国园林览胜:留园与狮子林》,纽约,1943 年。

← 图 17　香樟树与粉墙近景。包爱兰：《中国园林览胜：留园
　　与狮子林》，纽约，1943 年。

↑　图 18　五位游人在香樟树上留影。

← 图 19 两层茶室的正面。屋顶铺设灰、棕两色相间的瓦。香樟树的树干
　　和湖石和谐地映衬在粉白的墙面上。包爱兰：《中国园林览胜：留园与
　　狮子林》，纽约，1943 年。

↑ 图 20 池塘的另外一边。包爱兰：《中国园林览胜：留园与狮子林》，
　　纽约，1943 年。

图 21　一座立于山石高处、纤巧的六角亭。通向亭子的浅色卵石铺成的小路是数个世纪之前的风格。包爱兰：《中国园林览胜：留园与狮子林》，纽约，1943 年。

图 22　装饰着花窗的另外一条走廊。花窗下湖石、卵石铺就的地面与上方灰瓦屋顶的色彩十分和谐。包爱兰：《中国园林览胜：留园与狮子林》，纽约，1943 年。

图 23 一座袖珍庭院的湖石。熊形的湖石与圆形的花窗、南天竹雅致的枝叶与方形的花窗交相辉映。包爱兰：《中国园林览胜：留园与狮子林》，纽约，1943 年。

图 24 竖立在光滑基石上的巨石。小小庭院的四周皆为有顶长廊的花窗。左侧花窗图案为雪花，旁边第二扇为蛛网形，而右侧的花窗则采用了云雷纹。包爱兰：《中国园林览胜：留园与狮子林》，纽约，1943 年。

图 25 内院用于品茶、弹琴的建筑。所有的家具均是红木的，地面铺的是一种特制的水泥板。包爱兰：《中国园林览胜：留园与狮子林》，纽约，1943 年。

图26 带月洞门的房间。与上图的房间毗邻。月洞门前、
画面右侧的桌子上有一盆盆栽。透过月洞门可以看到三张
做装饰用的小桌子。包爱兰：《中国园林览胜：留园与狮
子林》，纽约，1943年。

图 27　湖石堆积的假山。沿着一条曲折的小径可到 1.8 米高的假山顶上。包爱兰：《中国园林览胜：留园与狮子林》，纽约，1943 年。

图28 院落中高高竖立的湖石。包爱兰：《中国园林览胜：留园
与狮子林》，纽约，1943年。

图 29 湖石（上图）后一处用于休息的小房间。八角形的窗户是
园中采用最多的窗形，窗棂用的是冰裂纹，上方写有"洞天一碧"
四个字。两张椅子的靠背上分别镶嵌着桃子形和八角形的小块大
理石。两侧的门上镶嵌着手工雕刻的花板。包爱兰：《中国园林
览胜：留园与狮子林》，纽约，1943 年。

图 30 一座两面都装有透明玻璃窗的建筑。它在庭院的另外一侧。后面墙上的四幅画分别
代表着四季，画下方为一张榻，榻的前方放着一张宽扁的脚凳。画面右侧是大理石圆桌。
包爱兰：《中国园林览胜：留园与狮子林》，纽约，1943 年。

图 31 一处休息的地方——濠濮亭。包爱兰：《中国园林览胜：留园与狮子林》，纽约，1943 年。

图 32 一张用于供奉的条案。条案最中间为供奉的神仙，两旁摆
着两盆盆栽，盆栽两旁分别为天然石头摆件和花瓶。条案背后是
木制刻字描漆的隔墙。条案的雕花为一条行云布雨的龙。包爱兰：
《中国园林览胜：留园与狮子林》，纽约，1943 年。

图33　一把椅背有龙头雕刻的红木椅子。它被放置在厅堂（上图）的中间。包爱兰:《中国园林览胜: 留园与狮子林》,纽约, 1943年。

图 34 私人藏书室。画面后方不规则方格状的为书架，书架后方为床榻。包爱兰：《中国园林览胜：留园与狮子林》，纽约，1943 年。

图 35　藏书室内的床榻。榻后方墙上挂着一幅大理石的风景画，
榻两侧各有一个书架。包爱兰：《中国园林览胜：留园与狮子林》，
纽约，1943 年。

图 36　常见的八角形窗户。值得注意的是小窗格上安装的是打磨过的小块贝壳（明瓦）。包爱兰:《中国园林览胜: 留园与狮子林》，纽约，1943 年。

图37 条案所在（参见40页，图32）隔墙的另一边。匾额题字为"林泉耆硕"。匾额下面的风景是用浅黄色颜料绘制在黑色背景上的。包爱兰：《中国园林览胜：留园与狮子林》，纽约，1943年。

图 38 隔墙上的风景画。换个角度看上图。房间内的椅子为楠木的，椅背上镶嵌着带有风景画的大理石。包爱兰：《中国园林览胜：留园与狮子林》，纽约，1943 年。

图 39 戏楼。在舞台正面上方有四个大字:龢(和)声鸣盛。包爱兰:
《中国园林览胜:留园与狮子林》,纽约,1943 年。

图 40 戏楼的后侧。包爱兰：《中国园林览胜：留园与狮子林》，纽约，1943 年。

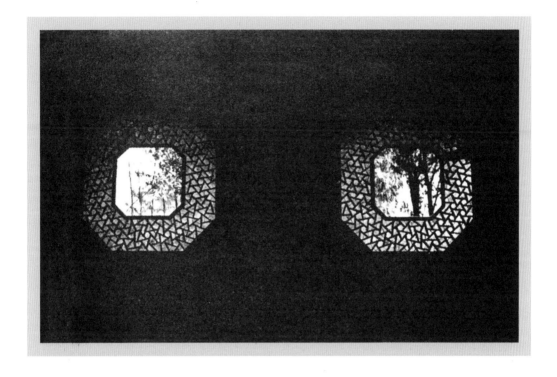

图 41 八角形团花装饰的两扇窗户。这是典型苏州园林房间的装饰风格。透过宽阔的、由明瓦精细镶嵌的冰裂纹外边框，庭院里细碎的竹叶显得分外柔美。包爱兰：《中国园林览胜：留园与狮子林》，纽约，1943 年。

图 42 方形窗户。透过方形窗户及其边缘的冰裂纹，入目可见庭院远处的灌木、藤蔓和隐约可见的一座小亭（画面右侧），构成一幅风景画。包爱兰：《中国园林览胜：留园与狮子林》，纽约，1943 年。

图 43　从书房望向庭院。拼砌着各色图案的甬道看起来像是一块美观大方的地毯。包爱兰：《中国园林览胜：留园与狮子林》，纽约，1943 年。

图 44　屏风与甬道。画面中间为一架嵌大理石屏风。屏风后为月洞门，屏风前有一联："好花人事外，得句佛香中。"甬道上的图案由碎瓷片拼成，瓷片的绿釉给道路带来了些许清爽感。包爱兰：《中国园林览胜：留园与狮子林》，纽约，1943 年。

图45 团龙浮雕。在上图屏风的背后，一面朴素
的白色墙壁上装饰着一条灰泥塑成的深灰色团龙浮
雕。包爱兰：《中国园林览胜：留园与狮子林》，
纽约，1943年。

图 46 团龙浮雕对面的景色。左边游廊内侧的墙上是藏书室（参见 42 页，图 34）的窗户，右侧是竹篱笆围着的竹林，最里面是主人的书房。包爱兰：《中国园林览胜：留园与狮子林》，纽约，1943 年。

图 47　一段怪石环绕的圆形卵石小径。包爱兰：《中国园林览胜：
留园与狮子林》，纽约，1943 年。

图 48 花坛和用来品茶清谈的敞厅。二楼是娱乐室和卧室。包爱
兰：《中国园林览胜：留园与狮子林》，纽约，1943 年。

图 49　从敞厅看向花坛另外一侧的房屋屋顶。包爱兰：《中国园
林览胜：留园与狮子林》，纽约，1943 年。

图50 花坛的另外一侧。用石板铺成的冰裂纹十分好看。包爱兰：《中国园林览胜：留园与狮子林》，纽约，1943年。

图 51　明瓦窗与南天竹。南天竹与红色浆果混植在一起。包爱兰：
《中国园林览胜：留园与狮子林》，纽约，1943 年。

图 52 一个院落的花坛。这个花坛厚重坚固，上面装饰着二龙戏
珠的图案，里面种着富贵之花牡丹。这个院落的湖石比较大。包
爱兰：《中国园林览胜：留园与狮子林》，纽约，1943 年。

图 53 紫藤。透过巨石旁边的门，可以看到葳蕤的紫藤。包爱兰：
《中国园林览胜：留园与狮子林》，纽约，1943 年。

图 54 龙形墙。阳光下，蜿蜒起伏的龙形墙与石子路交相
辉映。包爱兰：《中国园林览胜：留园与狮子林》，纽约，
1943 年。

图 55　一个房间的全貌。后面墙上悬挂的大理石画十分
昂贵。包爱兰：《中国园林览胜：留园与狮子林》，纽约，
1943 年。

图 56 透过高及屋顶的木门欣赏庭院景观。包爱兰：《中国园林览胜：留园与狮子林》，纽约，1943 年。

图 57　庭院景致。一块天然成形的石头和一株石笋装饰在一棵南天竹
左右。包爱兰：《中国园林览胜：留园与狮子林》，纽约，1943 年。

图 58 湖岸小岛。湖岸由质朴的石块构成,有的地方以白墙
为背景,有的地方为倾斜在水上的古树提供了支撑。喜仁龙:
《中国园林》,纽约,1949 年。

图 59　1914 年 1 月 29 日，一位女士在小岛留影。

图 60 池塘上的光影。黄仲衡摄影。F.R. 南希：《苏州，一座
园林城市》，上海，1936 年。

图 61 茂盛的荷花。冈
大路：《中国庭园论》，
日本，1943 年。

图62　巨大的太湖石。冈大路:《中国庭园论》,日本,1943年。

图 63 关野贞拍摄的太湖石。泽村幸夫：《浙江风物志》，东京，
1939 年。

第四章　西园

西园

　　西园戒幢律寺又名西园寺，始建于元代至元年间（1264—1294），起初叫归元寺，号称"吴中第一古寺"。明朝嘉靖时此处为太仆徐泰时的别墅，主人将其改名为西园，后其子徐溶舍园为寺，于是又改名为复古归元寺。明朝崇祯八年（1635），住持茂林和尚改称"戒幢律寺"，俗称"西园寺"。

图 64 大雄宝殿。黄仲衡摄影。F.R. 南希：《苏州，一座园林城市》，上海，1936 年。

图 65　一位女士在大雄宝殿前留影。

图 66　湖心亭一。

图67（上）湖心亭二。黄仲衡摄影。F.R. 南希：《苏州，一座园林城市》，上海，1936年。

图68（下）放生池。冈大路：《中国庭园论》，日本，1943年。

第五章 | 狮子林

狮子林 [1]

狮子林曾属于隔壁的寺庙，但是狮子林本身比这座寺庙更加有名。元代的时候（大约 13 世纪），寺庙的住持聘请了四位大家来规划和设计这座花园。其中一位画了一幅花园全景图，并为它起了一个源于佛经的名字——"狮子林"。园中还有一座生有五棵松树的假山，所以狮子林还有另外一个名字——"五松园"。

后来，这处园林几易其手，在时光流转中如拙政园一般渐渐荒废，最终被贝氏家族购得。贝氏家族在世界大战期间靠垄断上海的染料市场累积了巨额财富，他们花费巨资重修狮子林，很快使之成为苏州的名胜之地。重修后的狮子林布局精巧，奇石众多，特别符合中国人的审美趣味。亭台廊桥，叠石疏泉，小桥流水，曲径通幽，处处显示出超凡的营造技艺。但它的问题是在狭小的空间里堆砌太过。在这里，参观者感受不到中国园林最有魅力的宁静祥和，而是觉得很拥挤。参观者一定要记得这是一处私家园林，能够入内参观都源于主人家的善意，出示本人名帖方能进入。

---

[1] 摘自 F. R. 南希：《苏州，一座园林城市》，上海，1936 年。——编者注

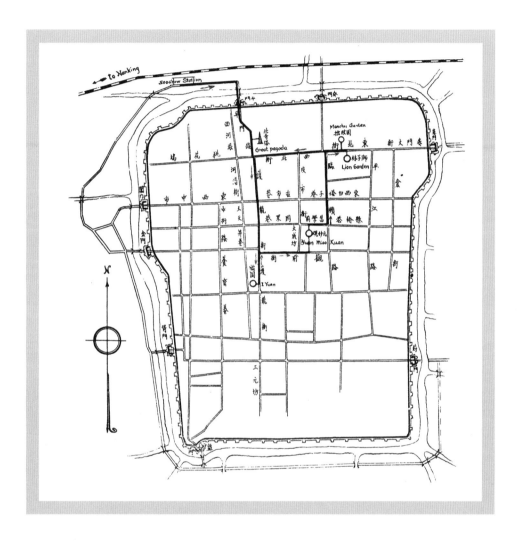

图 69 从苏州站到北塔寺、怡园、元妙观、狮子林的路线图。F.R. 南希:《苏州,一座园林城市》,
上海,1936 年。

图 70 狮子林平面图。包爱兰：《中国园林览胜：留园与狮子林》，纽约，1943 年。

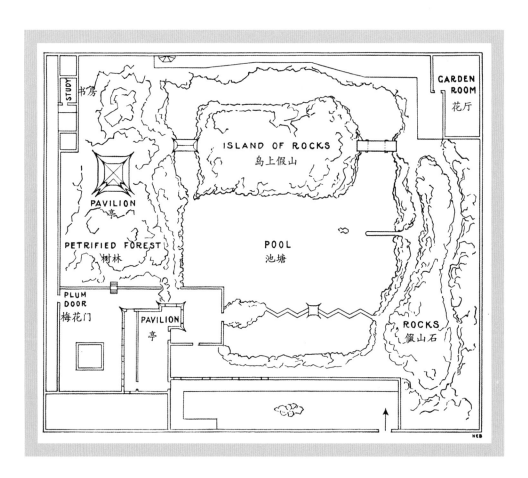

图 71　入口处一株高大光秃的树。包爱兰：《中国园林览胜：留园与狮子林》，纽约，1943 年。

图 72 四幅花窗之一。在距离入口处最近的一堵内墙上有四幅花窗，窗户距离地面约 1.5 米。图中花窗左下角动物为大象，右下角动物为麒麟，上面的植物为松树。包爱兰：《中国园林览胜：留园与狮子林》，纽约，1943 年。

图 73　四幅花窗之二。右侧的动物为狮子，左侧的动物是羊。包爱兰：《中国园林览胜：留园与狮子林》，纽约，1943 年。

图 74 四幅花窗之三。图中动物为仙鹤。包爱兰：《中国园林览
胜：留园与狮子林》，纽约，1943 年。

图 75 四幅花窗之四。图中动物为鹿。包爱兰：《中国园林览胜：留园与狮子林》，纽约，1943 年。

图 76 九曲桥。包爱兰：《中国园林览胜：留园与狮子林》，纽约，1943 年。

图 77 池塘对岸堆砌的假山和亭台。包爱兰：《中国园林览胜：
留园与狮子林》，纽约，1943 年。

图 78 岸边的树木、亭台、湖石和它们在荷塘中的
倒影。包爱兰：《中国园林览胜：留园与狮子林》，
纽约，1943 年。

图 79　通向人工岛的拱桥。包爱兰：《中国园林览胜：留园与狮子林》，纽约，1943 年。

图 80 湖中岛上由湖石堆积的假山。岛上有很多岔路和石洞，要
到达另外一边可能会耗去一个下午的时间。包爱兰：《中国园林
览胜：留园与狮子林》，纽约，1943 年。

图 81 岛上湖石的中心部分。包爱兰:《中国园林览胜: 留园与狮子林》,
纽约, 1943 年。

图 82 通向岸边的廊桥。下方的横梁上刻着八角形、桃形、梅花和扇子。包爱兰：《中国园林览胜：留园与狮子林》，纽约，1943 年。

图 83　从廊桥上观赏假山和亭台。廊桥的铁质栏杆上有"寿"字纹样。
包爱兰：《中国园林览胜：留园与狮子林》，纽约，1943 年。

图 84 堆叠在亭子前的湖石。包爱兰：《中国园林
览胜：留园与狮子林》，纽约，1943 年。

图 85　阁楼。包爱兰：《中国园林览胜：留园与
狮子林》，纽约，1943 年。

图 86 巨大湖石旁倾斜的松柏。包爱兰：《中国园林览胜：留园与狮子林》，纽约，1943 年。

图 87 透过巨大的湖石眺望装饰丰富的山墙。包爱兰:《中国园
林览胜: 留园与狮子林》, 纽约, 1943 年。

图88 给人无限遐想的湖石。最左侧的湖石像一只鸣叫的公鸡。包
爱兰：《中国园林览胜：留园与狮子林》，纽约，1943年。

图 89　硅化木。画面下方摆满了花盆，左侧一方巨大的湖石旁是一株
姿态优雅、枝干遒劲的硅化木。包爱兰：《中国园林览胜：留园与狮
子林》，纽约，1943 年。

图 90 后墙上的一道梅花形的门洞。门洞上有"探幽"二字，左右分别是玉兰树和灰色的湖石，门洞前的地面镶嵌着卵石花纹。包爱兰：《中国园林览胜：留园与狮子林》，纽约，1943 年。

图91 梅花形门洞近景。穿过门洞便有一条蜿蜒的小路通向主人的书房。包爱兰:《中国园林览胜:留园与狮子林》,纽约,1943年。

图92 书房。书房墙面上的格纹图案包含四个为一组的八角形。
顶上花板上贴镶着一只象征着幸福的蝙蝠。整个地面都是八角
形图案。包爱兰：《中国园林览胜：留园与狮子林》，纽约，
1943 年。

图 93　铁艺花窗。离开狮子林时穿过的有顶走廊的铁艺花窗，花窗
上的图案是枫树。包爱兰：《中国园林览胜：留园与狮子林》，纽约，
1943 年。

图94 有顶走廊的钟形花窗。花窗上的图案是二龙戏珠。包爱兰：
《中国园林览胜：留园与狮子林》，纽约，1943 年。

图 95　有顶走廊的龙形图案花窗。透过花窗，可以看到庭院里
一座新修的方形建筑的屋顶。包爱兰：《中国园林览胜：留园
与狮子林》，纽约，1943 年。

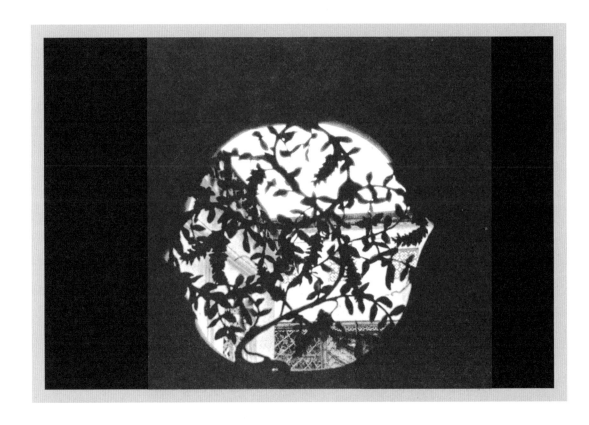

图 96　有顶走廊的紫藤图案花窗。包爱兰：《中国园林览胜：留园与狮子林》，纽约，1943 年。

图 97　有顶走廊的凤凰图案花窗。包爱兰：《中国园林览胜：留园与狮子林》，纽约，1943 年。

图 98 如同坐狮状的巨石。摄于 1918 年，当时园林正在改造。喜仁龙：《中国园林》，纽约，1949 年。

图 99 水塘和大假山。喜仁龙：《中国园林》，纽约，1949 年。

图100 中心水塘和假山。喜仁龙:《中国园林》, 纽约, 1949年。

图 101　一处池塘。黄仲衡摄影。F.R. 南希：《苏州，一座园林城市》，上海，1936 年。

图 102 堆叠精美的湖石。黄仲衡摄影。F.R. 南希：《苏州，一座园林城市》，上海，1936 年。

图 103 墙角的湖石。北洲迁人：《古都的片鳞》，苏州，1939 年。

图 104 1935 年狮子林留念照片。

图 105　22 岁的青年结婚前与两位朋友冯松鹤、包寿良摄于狮子林。

图106　1946年两位穿西装的青年在狮子林石桥上。

图 107 1947
年两对青年在桥
前留影。

图 108 两位身
穿长衫的男子在
石舫上。

图 109 太湖石。冈大路：《中国庭园论》，日本，1943 年。

第六章 怡园（顾家花园）

怡园 [1]（顾家花园）

龙街上有一条短街，名为尚书巷。该巷得名于数百年前一位尚书的宅院和花园坐落于此。花园的位置就是现在怡园之所在。

现在的这座园林建成时间还不长。1870 年，现今园主的曾祖父身染疾病，渐感衰弱，医生建议他辞去职务，退居园林，长期修养。于是他的儿子们买下了这块当时还是一片废墟的土地，而后这位老先生在此建起了自己的颐养之所。

在开挖池塘时挖出了 18 尊明代罗汉像，后来园主将之安置在一座亭子的墙壁上。园中的湖石、装饰柱和回廊都来自于苏州城中的老园林。古老的琴桌和一些园中装饰可以追溯到宋代，其他一些陈设则是明代的物品。

整座园林雅致非凡，值得细细研究。这座园林的设计者为其取名为怡园，并慷慨地向公众开放。参观者只需要给看门人交一点费用即可入内参观。

---

[1] 摘自 F.R. 南希：《苏州，一座园林城市》，上海，1936 年。——编者注

图 110 顾家花园（现名怡园）一角。拜石轩前。喜仁龙：《中国园林》，纽约，1949 年。

↑　图 111　游人在怡园的留念照。像这样的园林，给人留下的印象可能是
　　令人眼花缭乱的奇石和树木。它旨在通过丰富和变幻来吸引人，而不是
　　任何显而易见的设计。喜仁龙：《中国园林》，纽约，1949 年。

→　图 112　花园局部。后面为住宅。喜仁龙：《中国园林》，纽约，1949 年。

图113 怡园内景。沃勒（A.J. Waller）摄影。F.R. 南
希：《苏州，一座园林城市》，上海，1936年。

图 114　怡园内的古老石制陈设。黄仲衡摄影。F.R. 南
希：《苏州，一座园林城市》，上海，1936 年。

图 115 怡园。唐纳德·曼尼摄影。伊丽莎白·库珀：《中国庭院中的女人》，纽约，1914 年。

第七章　拙政园

拙政园 [1]

这座古老的园林位于内城的北街。它建于明代，是官方为官员所建，并被赋予了一个谦虚的名字，意思是"拙于政务"。之后，这儿成为当时驻扎在苏州掌管八旗的清朝将军的治所。他们集会用的大厅——八旗会馆，就在同一条街上，紧邻着这座园林。太平天国之后，花园与它相邻的大厅等建筑于 1869 年按照满族人的风格进行了修整。

在街道入口的左侧，有一株珍贵的紫藤，是由学者兼诗人文徵明种下的。当时他就住在这座园林之中。走过一条长长的巷子，交了一点钱后，我们就进入了花园。

穿过堆叠精巧的假山，越过一座小桥，就到达了正厅——远香堂。院子里种植的花卉，需要精心挑选，要月月有花开，时时有花香。

南楼在正厅的左侧，两座建筑都悬于莲池之上。越过莲池的堤坝，在正厅的北边是一系列小小的休息之所——秫香馆、雪香云蔚亭、梧竹幽居、绣绮亭。香洲的西北是一座造型奇特的华丽建筑，仿佛船上的楼台一般，与之相对的是荷风四面亭。

在东南角，我们找到了枇杷园，园中有博雅轩。此处早已不复往日光彩。文徵明是一位闻名于世的艺术家和书法家，他在这里写下了一部文集。他还为这里的建筑创作了很多画作，并被这园中的景色、香气和幽静所感染，写下了很多诗歌。

尽管拙政园如今已经倾颓，但仍然有着自己独特的美感和魅力。留园的设计和装饰是贵气的，狮子林是极端现代的，怡园是精致秀丽的，让人想要饮宴于此，而不是静思。而拙政园，则是造梦之地。

---

[1] 摘自 F. R. 南希：《苏州，一座园林城市》，上海，1936 年。——编者注

一位中国朋友，同时也是一位诗人和学者，这样写道："欲品此园，须熟知历史，静心图入园，心态宽。其次用尽全力去感受园中的布局和建筑样式。园中各处并不是独立的，互相之间有着紧密的联系。残存的楹联书法精妙——成对的竖匾书写着含义隽永、平仄和谐的句子。最后从可以触摸的表象出发，努力与园林的灵魂对话，理解笼罩和统一这片风景的潜藏的玄妙之处。"

而这座园林最为华丽优雅的部分在西边的高墙之后。那部分园林被张氏家族购买，成为私产，并不对普通公众开放。园子的一切——精巧的花园建筑、蜿蜒的流水、样式奇特的亭台都被保护得很好。学习造园的学生们，即使只为了看看这些，也应该想办法进来参观一番。笠亭记叙了一位艺术家的梦境和追求，扇亭的石质陈设和装饰均为扇形。

拙政园远香堂里挂着的楹联写道：

曲水崇山雅集，逾狮林虎阜。

莳花种竹风流，继文画吴诗。

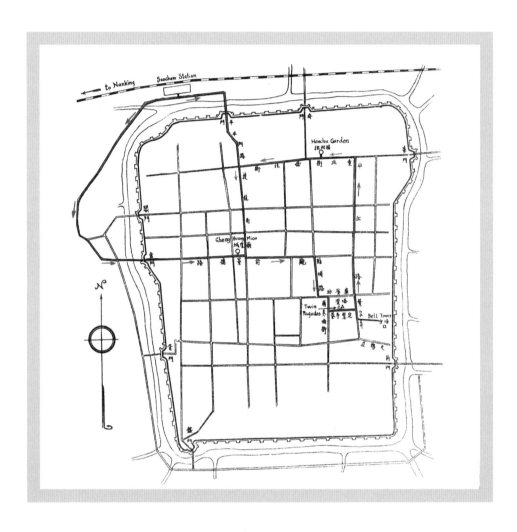

图116 从苏州站到城隍庙、双塔、钟楼、拙政园的路线图。F.R.南
希：《苏州，一座园林城市》，上海，1936年。

图 117 莲池上的舫式亭。黄仲衡摄影。F.R. 南希：《苏州，一座园林城市》，上海，1936 年。

← 图118 曲桥跨过水流。喜仁龙:《中国园林》,纽约,1949 年。

↑ 图119 位于拙政园旧址八旗会馆中的月洞门。喜仁龙:《中国园林》,纽约,1949 年。

图 120 八旗会馆中的长廊与曲桥。喜仁龙:《中国园林》,纽约,
1949 年。

图 121 植有老藤的入口。人们认为其年代可以追溯到 16 世纪。
喜仁龙：《中国园林》，纽约，1949 年。

图 122 起伏的云墙上的月洞门。喜仁龙：《中国园林》，纽约，1949 年。

图 123 折桥。长长的折桥下原本是一片水塘，而今繁茂的植
物取代了水。喜仁龙：《中国园林》，纽约，1949 年。

图 124 干涸的水塘旁边的亭台。喜仁龙：《中国园林》，纽约，1949 年。

第八章　王氏女校花园

王氏女校花园

　　王氏女校，即1906年王谢长达女士创立的"振华女校"，蔡元培为学校校董。1928年学校分为中学部和小学部，中学部迁入苏州织造署（康熙南巡时曾住在此地），并确定学校名为"振华女子中学"。

图 125　完美的太湖石——瑞云峰。这块太湖石矗立在满目疮痍
的苏州王氏女校花园里。喜仁龙：《中国园林》，纽约，1949 年。

图 126 女校内废弃的园林。喜仁龙：《中国园林》，纽约，1949 年。

第九章 网师园

网师园

　　网师园是苏州园林中最小的一座，始建于南宋时期（1127—1279），为官至侍郎的扬州人史正志（宋代藏书家）的"万卷堂"故址，花园名为"渔隐"，后废。清朝乾隆年间（约1770），致仕的光禄寺少卿宋宗元购得废弃的园子加以重建，定名为"网师园"。

图 127 小湖及长廊。构成中心元素的小湖被建筑三面环绕，开
敞的长廊随着湖岸或高或低，或曲折蜿蜒。喜仁龙：《中国园林》，
纽约，1949 年。

图 128 网师园中心部分。景物以小湖及湖岸为中心，四周建筑
面向小湖，长廊依湖岸岩石曲折迂回。喜仁龙：《中国园林》，
纽约，1949 年。

图 129 长廊水亭。喜仁龙：《中国园林》，纽约，1949 年。

← 图 130 一座横跨溪流的石桥。喜仁龙：《中国园林》，纽约，1949 年。

↑ 图 131 殿春簃的最深处后院一角。喜仁龙：《中国园林》，纽约，1949 年。

图 132 幽深的网师园。园子很小，但园中树木枝繁叶茂时显得很幽深。喜仁龙：《中国园林》，纽约，1949 年。

第十章　沧浪亭

图 133 开敞的长廊。现在是苏州美术专科学校所在地。喜仁龙：
《中国园林》，纽约，1949 年。

图 134 沧浪亭。黄仲衡摄影。F. R. 南希：《苏州，一座园林城市》，上海，1936 年。

图135 堆积的湖石。冈大路：《中国庭园论》，日本，1943年。

图136 半池荷花。冈大路：《中国庭园论》，日本，1943年。

附录

图 137 苏州的一座现代园林。拥挤的石头及其规则的排列削弱
了整体如画的美感。喜仁龙：《中国园林》，纽约，1949 年。

图 138 月洞门。阮勉初：《园庭画萃》，美国，1940 年。

图 139 花窗与藤条。设计巧妙的花窗与墙上的藤条十分搭配。

阮勉初:《园庭画萃》, 美国, 1940 年。

图 140 17 世纪时一位不知名的苏州工匠设计的花窗。阮勉初:
《园庭画萃》, 美国, 1940 年。

← 图 141 乾隆时期花瓶形状的装饰窗。上方的墙壁
上有浅浮雕的莲花莲叶。阮勉初：《园庭画萃》,
美国，1940 年。

↑ 图 142 透过花窗可以看到细碎的竹枝和竹叶。阮
勉初：《园庭画萃》，美国，1940 年。

→ 图 143 亭子前堆积的湖石。阮勉初：《园庭画萃》,
美国，1940 年。

图 144 八角亭。坐落在人工湖中心的一座八角亭，通过石桥与
湖岸相连。阮勉初：《园庭画萃》，美国，1940 年。

图 145 用一块砖作为桌面的桌子。这块砖来自皇宫大殿。阮勉
初:《园庭画萃》,美国,1940 年。

图 146 苏州附近太平山的石栏杆。建于元代晚期。阮勉初：《园庭画萃》，美国，1940 年。

图 147 石制平曲桥。建于 17 世纪。阮勉初:《园庭画萃》,美国,1940 年。